广州国际金融中心

GUANGZHOU INTERNATIONAL FINANCE CENTER

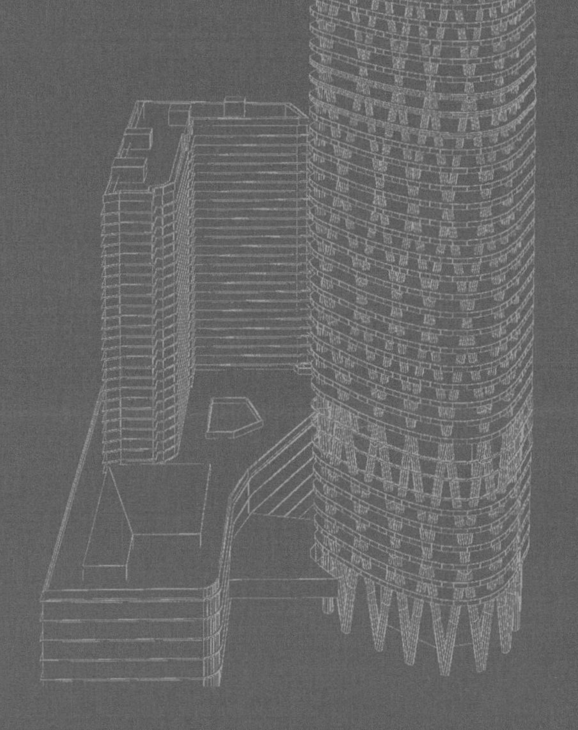

中国建筑工业出版社

图书在版编目(CIP)数据

广州国际金融中心/越秀地产. —北京:中国建筑工业出版社,2014.1
ISBN 978-7-112-16300-7

Ⅰ. ①广… Ⅱ. ①越… Ⅲ. ①金融建筑—建筑设计—广州市—图集 Ⅳ. ①TU247.1-64

中国版本图书馆CIP数据核字(2014)第007496号

责任编辑:赵晓菲
书籍设计:北京美光设计制版有限公司
责任校对:李欣慰 姜小莲

广州国际金融中心
越秀地产
*
中国建筑工业出版社出版、发行(北京西郊百万庄)
各地新华书店、建筑书店经销
北京美光设计制版有限公司 制版
北京顺诚彩色印刷有限公司 印刷
*
开本:787×1092毫米 1/8 印张:24 字数:475千字
2015年2月第一版 2015年2月第一次印刷
定价:235.00元
ISBN 978-7-112-16300-7
(25047)

本书编委会

梦想成为现实

作为全球知名超高层建筑之一和广州城市新地标，广州国际金融中心建设运营的使命光荣、责任重大、意义深远，不仅是越秀集团发展历程中的重要里程碑，也是越秀人“不断超越、更加优秀”精神的形象写照。

广州国际金融中心这座集超甲级写字楼、超五星级酒店、高级商场、酒店式服务公寓、商务宴会和会议中心于一体的大型城市综合体，从项目 2005 年中标开工、2007 年地上工程动工、2008 年主体结构封顶、2009 年启动全球招商、2010 年试运营、2011 年写字楼开业进驻，到 2012 年 9 月全面开业并于同年成功注入越秀房地产信托基金，成为越秀集团由项目传统开发模式向“开发 + 运营 + 金融”高端发展模式进行转型的标杆。

项目所取得的成功得到了全球各大机构的认可，相继荣获“亚洲人居环境规划设计创意奖”、“中国最佳城市综合体奖”；2012 年荣获“英国皇家建筑学会国际奖”，并作为欧盟以外最杰出的建筑作品获得第六届英国皇家建筑师学会 2012 年度“莱伯金奖”；2013 年获得“中国建设工程鲁班奖”。

广州国际金融中心对于越秀集团而言，无疑具有重大的战略意义，是越秀集团在项目开发、招商运营和资本运作能力的典范。

开发层面，面对时间紧、结构复杂、施工难度大、经验不足等一系列前所未有的困难和挑战，越秀集团顺利完成了这个超大体量、超高层、超高技术难度的大型工程建设任务，还在建筑技术上创造了四项“世界之最”；此外，大量采用新型建筑技术和节能材料，确保了项目在品质和节能方面先进，打造出代表当今世界施工水平和设计理念的建筑精品。运营层面，经受了近年经济宏观环境的种种考验，短期内完成项目整体超过 85% 的招商面积，引进了四季酒店、广州友谊、世邦魏理仕、仲量联行、雅诗阁等世界一流企业品牌作为合作伙伴，吸纳了众多国内外知名企业进驻，携手各大商家建立战略联盟，打造了一支过硬的招商运营团队，有力推动“住宅 + 商业”和“实业经营 + 资本运作”双轮驱动发展战略的实施。

金融层面，越秀集团充分发挥国内唯一拥有“越秀地产 + 越秀房托”双平台互动的独特优势，启动“巨人项目”，2012 年成功以 154 亿元的交易对价将广州国际金融中心注入房托基金，实现了从商业产品到金融产品的华丽转身，更实现了多方共赢的价值创新。越秀地产藉此实现迅速收回项目投资成本，减少负债、加快现金回笼并增加收益；越秀房托资产规模同步大幅提升，进入亚洲房托基金前十名，两大上市平台实现了跨越式发展和台阶式增长。区别于国际其他商业模式，越秀集团通过项目开发建设、运营升值、交易变现、控股持有、分红收益几个阶段，开创了“开发 + 运营 + 金融”高端发展模式，这不仅为越秀集团打造独特的核心能力和新的利润增长极，更为越秀集团“十二五”期间实现“再造一个新越秀”的战略目标打下了坚实的基础。

未来，越秀集团将以广州国际金融中心作为新的起点，不断创新引领行业发展潮流的房地产金融新模式，打造以大项目带动大发展的新格局，实现更有质量的增长，回报股东、回报员工和回报社会。

梦想激发追求，追求孕育希望，希望在这里变成现实。谨以此册对社会各界的大力支持表示衷心感谢！对为广州国际金融中心做出贡献的单位和个人致以崇高敬意！

越秀集团董事长：张招兴

2014 年 12 月

CONTENT 目录

PART ONE

认识国金

PART TWO

精品国金

PART THREE

建造国金

PART FOUR

魅力国金

保利中心
GRCBANK

认识国金

KNOW THE IFC

国金是神秘的，让我们走近她，
轻轻揭开她的层层面纱。

本章记述了国金中心的选址、设计方案国际招标
及投资建设权角逐的过程；
介绍了国金中心的项目定位和区位特点；
描述了国金中心项目的构成、功能与设施状况；
使您对国金有一个初步的了解。

为了进一步推动广州市21世纪中央商务区——珠江新城的建设，广州市土地开发中心、广州市规划局、广州市城市规划编制研究中心联合举办了广州市“双塔”（西塔）建筑设计国际邀请竞赛。竞赛委员会通过审核报名参赛设计单位的资质、业绩，从中选定15家设计单位参赛。竞赛活动始于2004年7月12日，截止到2004年10月15日竞赛结束，共收到12家设计单位（联合体）的设计成果。

方案1：生长之树

设计单位：美国菲利普·约翰逊及艾伦·理奇建筑事务所

基地总平面构图采用对称方式，充分考虑了与周边地区城市设计方案的协调。“双塔”造型基本一致。西塔建筑外形仿如一棵生长的树：底部安排各种商业服务功能，外观张开犹如“树根”；“树干”部分是合理高效的办公部分；而“树冠”为酒店部分提供了极佳的视景条件和充足的自然光线。西塔建筑高386米，地上82层。方案采用筒中筒结构体系，内筒为钢筋混凝土核心筒，外筒采用钢斜撑框架结构。

方案2：晶笋凌云

设计单位：中国广州珠江外资建筑设计院

方案以东西向穿越城市的珠江河段为“时间轴线”，以南北向穿越城市的新城市中轴线为空间轴线。“双塔”总平面以一条流向珠江的河流组织景观，暗喻时空相连。“双塔”基本相同，建筑形象构思源于节节上升的“晶笋”，建筑立面以“帆”为意，暗喻广州扬帆起航，驶向世界。西塔建筑高548米，地上106层。方案采用巨型框架核心筒结构体系。

方案3：天空之城

设计单位：日本原广司+Atelier.phi建筑设计研究所+广东省建筑设计研究院（联合体）

方案认为东西两塔可不必相同。双塔基地总平面构图采用系列圆形下沉广场（象征月亮），将地下空间与地面广场相结合，既解决了人流交通，又丰富了城市空间，且满足了地下空间通风换气的需要。西塔高388米，由两栋塔楼(南栋和北栋）以及在顶部连接两座塔楼的大穹顶组成。塔楼的主要功能是办公楼。大穹顶向西部弧状突出，其内是超五星级酒店和观光厅——“天空之城”。“天空之城”内设计了130米高的共享大空间。方案采用带斜撑框架－斜撑核心筒结构体系。

方案 4：成长竹笋

设计单位：德国 GMP 国际建筑设计有限责任公司 + 广州市设计院（联合体）

方案总平面布局采用对称方式。“双塔”设计风格相同，但高度不同。国金高 608.8 米，地面 110 层。西塔平面形态自由舒缓，建筑外立面分段退缩，并在一定高度脱开为高低两个塔楼。建筑外观犹如节节成长的竹笋。建筑采用巨型钢结构框架、斜撑核心筒结构。

方案 5：盛放鲜花

设计单位：中国香港巴马丹拿国际公司

“双塔”周边地区城市设计延续了珠江新城绿轴向两侧渗透的概念，利用公共广场、园林绿化、涌泉水景，把景观绿化引向周边城市空间。“双塔”完全一致。建筑高 410 米，地面 100 层。广州别称花城，故建筑设计取意于盛放鲜花。塔楼、塔顶的平面、立面形式均突出“花”的意象。结构上采用钢管混凝土外框一钢筋混凝土核心筒混合结构。

方案 6：红棉花蕾

设计单位：加拿大 B+H 建筑师事务所 + 广州市城市规划勘测设计研究院（联合体）

方案对城市设计规划范围进行了调整，以圆的形态对应双塔、观光塔的关系，对城市周边环境与观光塔的关系进行了详细的分析。总平面设计中隐喻鲜花的形象，并通过各种景观元素加以强调。建筑采用筒中筒建筑体系：外筒为一直径 72 米的圆柱体；内筒则采用一两端锥形的“花蕾”，以呼应设计采用的红棉花（广州市市花）花蕾主题。建筑采用钢巨型框架和斜撑外筒、斜撑核心筒结构。

方案 7：钻石雕塑

设计单位：德国 KSP Engel and Zimmermann 设计事务所 + 华东建筑设计研究院有限公司（联合体）

本方案的总平面规划相当简洁，对所有的室外场地除必需的交通空间外，均以种植行列式树木来处理。“双塔”很相似，设计主题是“闪烁的水晶体”，建筑具有雕塑一般的外形。西塔裙房 3 层，其上为 92 层塔楼，建筑总高度 389.9 米。塔楼平面形式为平行四边形，55 层楼以上在西北角和东南角设计了一系列随楼层高度不同而面积渐变的凹阳台，这些凹阳台承担着观光层的功能。方案采用钢斜撑巨型外框 + 斜撑核心筒结构体系。

方案 8：通透水晶

设计单位：英国 Wilkinson Eyre Architects Ltd+Ove Arup & Partners（联合体）

方案总平面规划风格与原“珠江新城中央广场城市设计”设计风格相呼应，绿地、庭园以西塔（或东塔）为中心呈圈层式展开，优雅华丽。“双塔”完全相同。西塔（东塔）建筑群包括附楼和塔楼两部分，附楼平面呈“L”形。塔楼高 430 米，总楼层 102 层，建筑立面采用了钻石形状的斜交网柱外框架结构，双曲面高通透玻璃幕墙，使菱形斜交网格柱的独特立面得到完美展现。

方案 9：螺旋水滴

设计单位：法国 HTA-Architecture H Tordjman & Partners + RFR + SETEC（联合体）

“双塔”设计成为完全相同的螺旋上升的形体，通过旋转上升的动感形成东西塔之间的对称统一。两座塔楼以空中走廊连接。“双塔”高 514 米，地上 131 层。建筑没有裙楼，塔楼平面为水滴状，每个楼层平面相同，各层平面在下一层平面的基础上沿着位于“水滴”头部的垂直轴心（即核心筒）顺时针旋转形成了建筑螺旋状外观，赋予了“龙”的意向。结构上采用异型的筒中筒结构：内筒采用钢筋混凝土核心筒，外筒采用钢斜撑框架结构。

方案 10：折叠摩天

设计单位：美国 MAD 事务所 + 北京建筑设计研究院（联合体）

双塔完全相同。每个塔楼均由大小塔楼构成，底层架空。大小塔楼均面向城市中心绿地，以获得最大的景观面。大小塔楼在中部连通后分开，并再度在顶部通过一观光过山车相连。塔楼实际高度 388 米，地面 100 层。方案采用带斜撑钢管混凝土外框、钢筋混凝土核心筒混合结构。

方案 11：网状的鱼

设计单位：美国 Murphy/Jahn + 中国建筑东北设计研究院（联合体）

方案力求追求永恒的优美设计。“双塔”完全相同，西塔（东塔）的裙楼与塔楼分开，以创造城市活动场地与空间，表现开放性。塔楼平面形状为椭圆形，高 390 米，地面以上 95 层。办公室、酒店、观光层等功能空间依次向高楼层安排。酒店中庭贯穿了 55 层以上所有楼层，穿过中庭的天光，使建筑越往上透明感越强。塔楼外观为中间稍做收束的椭圆柱形，外表面使用隐框式双层玻璃，玻璃均采用透明玻璃，局部使用金色玻璃进一步衬托建筑的曲线。方案采用筒中筒结构，内筒为钢筋混凝土核心筒，外筒为钢斜撑框架结构。

方案 12：水的意象

设计单位：日本株式会社日本设计 + 深圳华森建筑与工程设计顾问有限公司（联合体）

本方案以“对”为设计理念进行总平面规划设计：西塔地块内以平地和如镜水面对应珠江，东塔地块以绿色山丘对应白云山。双塔区域景观造型与自然媒介的性质相呼应，力图让城市回归自然。西塔裙房平面自由，上覆按照空间用途不同而自由起伏的玻璃大屋顶。塔楼平面为由 3 片椭圆形飞翼组成的类三角形，类三角形的三个顶点内凹，担负着大楼整体的进风、排气等功能。立面上将这三处凹进去的地方处理成“流水光廊”。建筑设计的主题是水的意象，方案将“塔顶溢出的水流沿外壁漫流至用地整体，并融入周边环境”这一意象具体化：塔楼的玻璃屋顶仿佛是飘浮在云中的泉水，三条流水光廊宛如三条“水流”倾泻而下，到达底层裙房部分后回旋展开，形成裙房的“水面”屋盖。然后，水以塔为中心回转流向场地的各个空间，以不同的形式出现。建筑高 390 米，地上 99 层。塔楼部分采用钢斜撑外框—核心筒结构。

专家评审会按照方案对技术文件的响应情况，通过三轮投票选出 5 个优胜方案（按得票多少排序）：方案 8、方案 11、方案 7、方案 12、方案 3。

方案 8：通透水晶

专家评审意见：该方案外形简洁、典雅、稳重、实用。斜交网格的设计不但提高了结构的抗震能力，而且创造了有个性的立面造型。结构体系较好地满足建筑设计平面使用功能及立面造型的要求。结构平面规则，质量及刚度沿竖向分布均匀，结构体系对抗震、抗风有利。外框筒节点的制作及安装有一定难度。该方案为最终中选方案。

方案 11：网状的鱼

专家评审意见：方案设计构思简洁清晰，结构平面规则，质量及刚度沿竖向分布较均匀，风载体型系数较小，迎风面上小下大，抗风抗震性能较好。建筑体现了结构、技术、建筑材料与建筑造型的结合。

方案 7：钻石雕塑

专家评审意见：方案空间形象简洁有力，建筑平面布局、竖向功能分区基本合理。结构体系简洁、合理。不过方案采用了许多三角锥结构，其斜杆可能会影响内部空间使用。

方案 12：水的意象

专家评审意见：本方案设计成熟。各类型公共空间开放在裙楼大屋顶之下，室内外空间相互交融、变化丰富、整体感强。方案结构体系基本合理，不存在大的问题。

方案 3：天空之城

专家评审意见：总平面基本合理。建筑奇特的外形和酒店的空中大厅具有较强的视觉效果。酒店的空间处理较有个性，有利于超五星级酒店功能的实现。但建筑东西向房间较多，对观景和节能均不利，需经过设计调整予以克服。建筑结构体系基本合理。

方案 8

方案 11

方案 7

方案 12

方案 3

通透水晶最终胜出

2004 年 11 月，广州珠江新城双子塔（西塔）设计方案通过国际招标并经专家评审，“通透水晶”最终胜出。

2005年9月，越秀地产、富力、恒大、新世界、新鸿基、上海长峰六大地产巨头角逐广州西塔投资建设权，最终花落越秀地产。广州西塔正式更名为“广州国际金融中心”。

国金项目分为主塔楼、附楼、裙楼及地下室工程，总用地面积 31084 平方米，总建筑面积 45 万平方米。

国金项目集办公、酒店、公寓、商业、餐厅为一体。建筑外表光滑通透、形体纤细，犹如细长的水晶矗立在广州新城中轴线上。

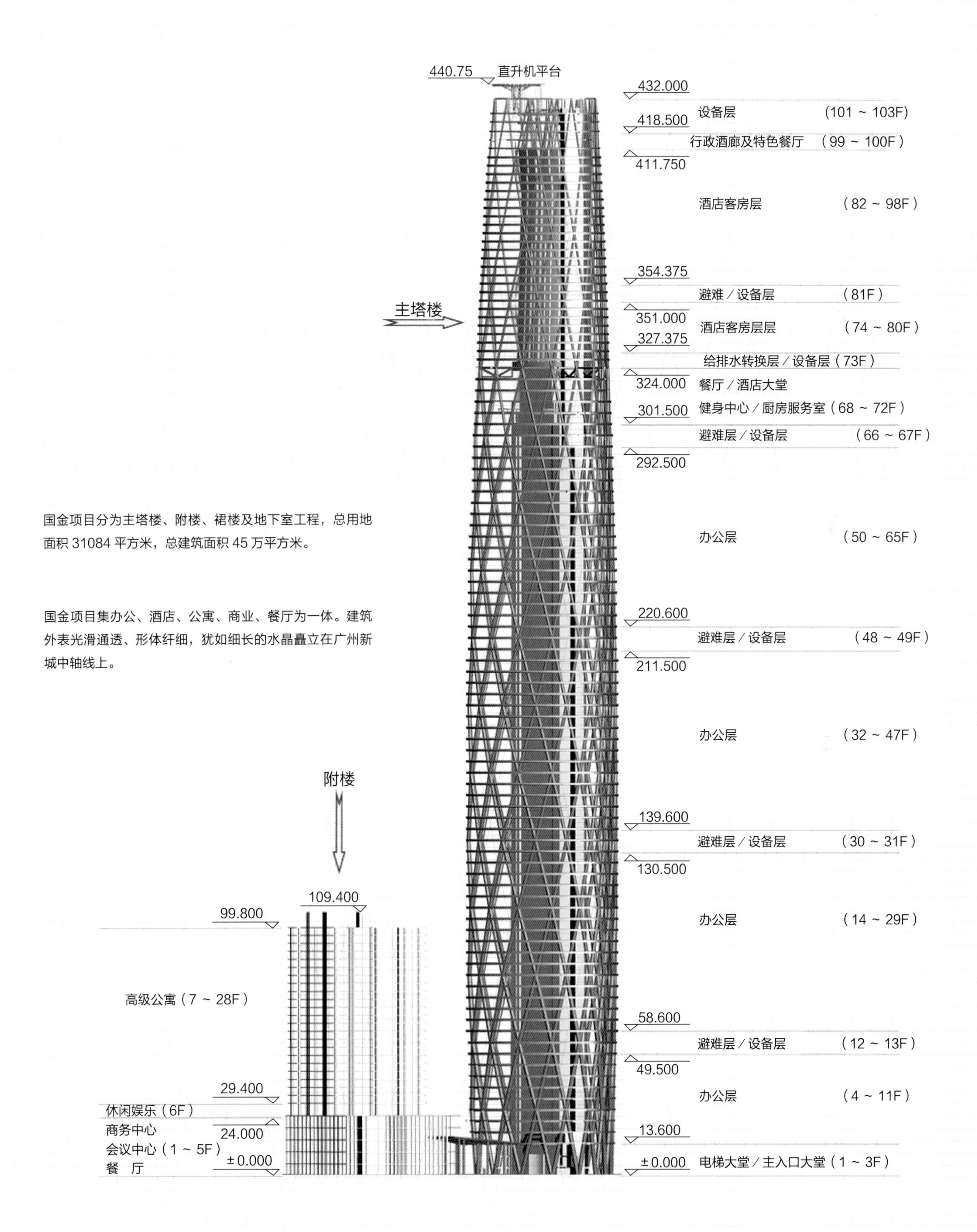

国际商务首席交流平台
展示广州城市新形象的地标建筑

与广州大剧院、广东省博物馆、广州市第二少年宫、广州市图书馆共同组建广州地标建筑。

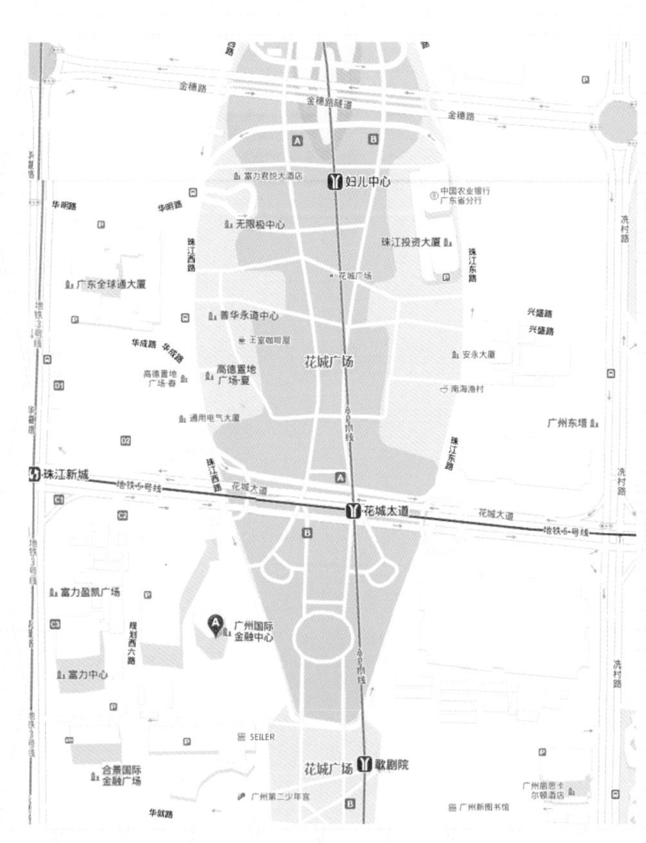

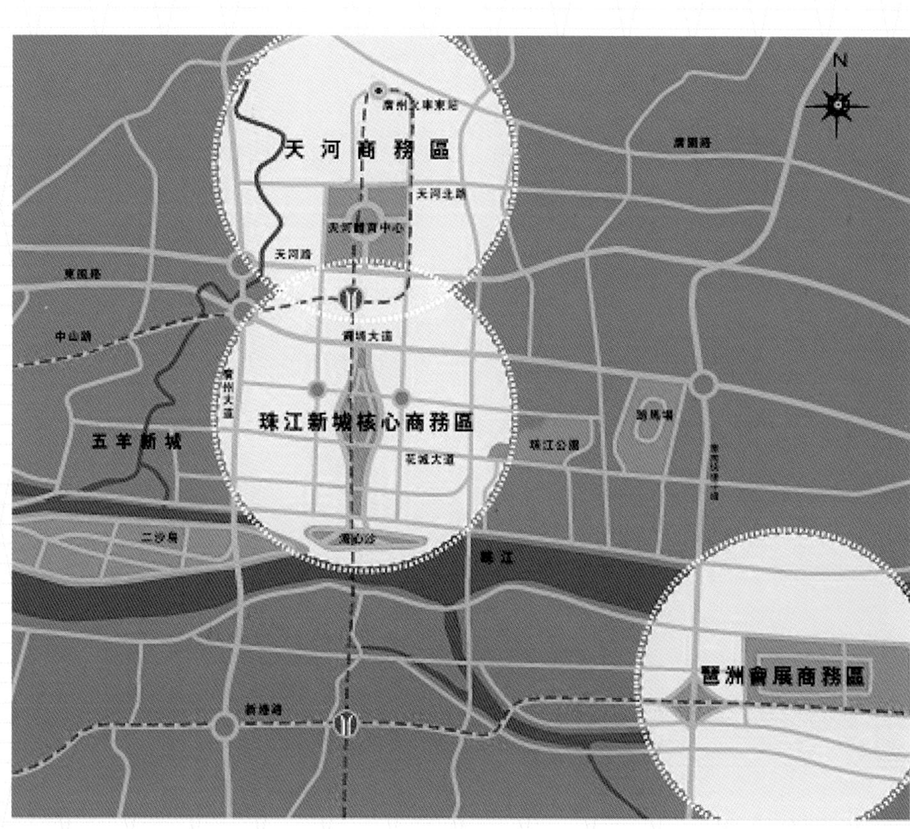

广州国际金融中心位于广州珠江新城核心金融商务区；
东临珠江西路，与双地铁交汇珠江新城站及中轴线旅客自动捷运系统 APM 花城广场站相通。

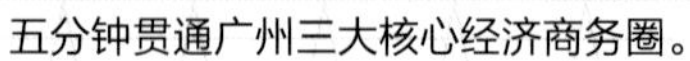
五分钟贯通广州三大核心经济商务圈。

国金高 440.75 米，是广州第一高楼，
在中国已建成并运营的超高层建筑中位列第六。

排名	1	2	3	4	5	6	7	8	9	10
建筑物	101 大厦	环球金融中心	环球贸易广场	紫峰大厦	京基 100	广州国际金融中心	金茂大厦	国际金融中心二期	中信广场	地王大厦
地区	台湾	上海	香港	江苏	广东	广东	上海	香港	广东	广东
城市	台北	上海	香港	南京	深圳	广州	上海	香港	广州	深圳
高度	509 米	492 米	484 米	450 米	441.8 米	440.75 米	420.53 米	412 米	391.1 米	383.95 米
楼层数	101	101	108	88	100	103	88	88	80	69
建成时间	2004 年	2008 年	2010 年	2009 年	2007 年	2010 年	1999 年	2003 年	1996 年	1996 年
用途	写字楼、酒店、商业	写字楼、酒店、商业	写字楼、酒店	写字楼、酒店、商业	购物中心、写字楼、住宅	写字楼、酒店商业、公寓	写字楼、酒店、商业	写字楼	写字楼	写字楼

精品国金

BOUTIQUE IFC

**国金的诞生令人叹为观止，
现代豪华体验更显国金的精致品位。**

本章详细描绘了四季酒店大堂及公共设施、宴会厅、国际会议中心、水疗中心、各类餐厅酒吧、各类客房的精美空间；全面展示了雅诗阁公寓大堂、会所、屋顶花园、各类样板房及客房的迷人风采；细致刻画了主塔楼写字楼大堂、示范层、办公楼层的现代魅力；还对友谊商店和国金的控制与设备进行了简要的介绍。

FOUR SEASONS

Hotels and Resorts

广州四季酒店位于广州国际金融中心的裙楼 1、2、3、5 层和主塔楼的 67 ～ 102 层，是目前世界上最高的四季酒店。

立足四季酒店，云层密布时，脚下的城市完全隐去，茫茫云海上的建筑奇观带给人们超凡脱俗的视觉体验。

酒店首层大堂

70 层大堂

进入大堂，纯净的白色主基调配合 120 米高的特色中庭给人以超凡脱俗的视觉冲击；高大的白色金属造型景墙屏风再次出现在顾客的视野，引导人们到酒店前台办理手续。

双螺旋楼梯是设计师从人类基因图谱中获得灵感，用超难度的建筑工艺演绎出“人类生命的起源”的喻意。位于大堂正中的红色花蕾雕塑的设计元素为三叶草概念，象征蓬勃生命的开始。

70层大堂吧

酒店中庭钻石型玻璃内幕墙装饰效果晶莹剔透

中庭悬挑楼梯

公共卫生间

客房走廊和电梯间

首层宴会厅（明珠宴会厅）

位于裙楼南翼的首层，层高 9.6 米，宴会厅内约 600 平方米，可最多容纳摆放 34 围的宴会酒席，并可根据需要通过移动间隔墙调整为两个多功能厅。

明珠宴会厅

明珠宴会厅

公共区域卫生间

大宴会厅

位于裙楼南翼的三层，层高 9.6 米，宴会厅内面积约 823 平方米，可最多容纳摆放 44 围的宴会酒席，并可根据需要调整为三个多功能厅。

休息厅

国际会议中心（玛瑙厅）

位于裙楼南翼的 5 层，层高 9.6 米。

可容纳 1000 人和最多 60 围酒席的大厅以及贵宾休息室。

大厅可根据需要调整为两大两小的多功能厅。

多功能厅——蓝宝厅

中餐厅愉粤轩

位于主塔楼 71 层。采用现代手法加中国岭南元素进行设计。

深红色玻璃吊灯呈 8 字形排列，暗喻岭南人对吉祥 8 字的喜好。

高端的中式餐厅设有 8 个独立的私人包房。

墙壁和地毯图案柔和了中华文化艺术的精华。

意大利餐厅——意珍

位于主塔楼72层，装修设计简洁、明亮。慕拉诺吹制玻璃吊灯、折线金属艺术墙身加深了顾客对条纹的印象。大厅蓝金砂的石头与不锈钢意大利菜名搭配的地面也增加了意大利元素。包房的墙身采用了定制的瓷砖，整面砖墙完美地展现了俭朴的意大利风貌。

日本餐厅——云居

位于主塔楼 72 层，采用现代手法表现东方的风格。竹木色的墙身、天花和座椅，未加工的天然石头、菊花图案的蓝色地毯等颇具日式风情。蓝色的玻璃墙身营造出静谧的情调。

天 吧

位于主塔楼 99 层。设计亮点是一块长 8 米的无缝稀有蓝紫色天然玛瑙石吧台，
吧台位于幕墙边，配以透明的有机玻璃吧椅，使人产生与宝石一起漂浮在云中的幻觉。

行政贵宾厅

一间位于主塔楼99层专门为酒店住客使用的高档行政商务餐厅。设计风格偏重现代商务气息，同时用暖色的灯光增加了亲和力。菱形的顶棚再次采用国金独特元素。

100
Catch

特色餐厅一佰鲜汇

位于主塔楼100层，是国金最高的公众场所。餐厅采用大量的水晶玻璃、射灯营造出“今夜星光灿烂”的主题，再配以紫色玫瑰色相间的波纹地毯宛如夜晚的银河。

特色餐厅一佰鲜汇

水疗中心

位于主塔楼 69 层，酒店客房电梯可直达，有独立的接待大堂，是一个怡人的地方，让宾客有置身于大自然的感觉。

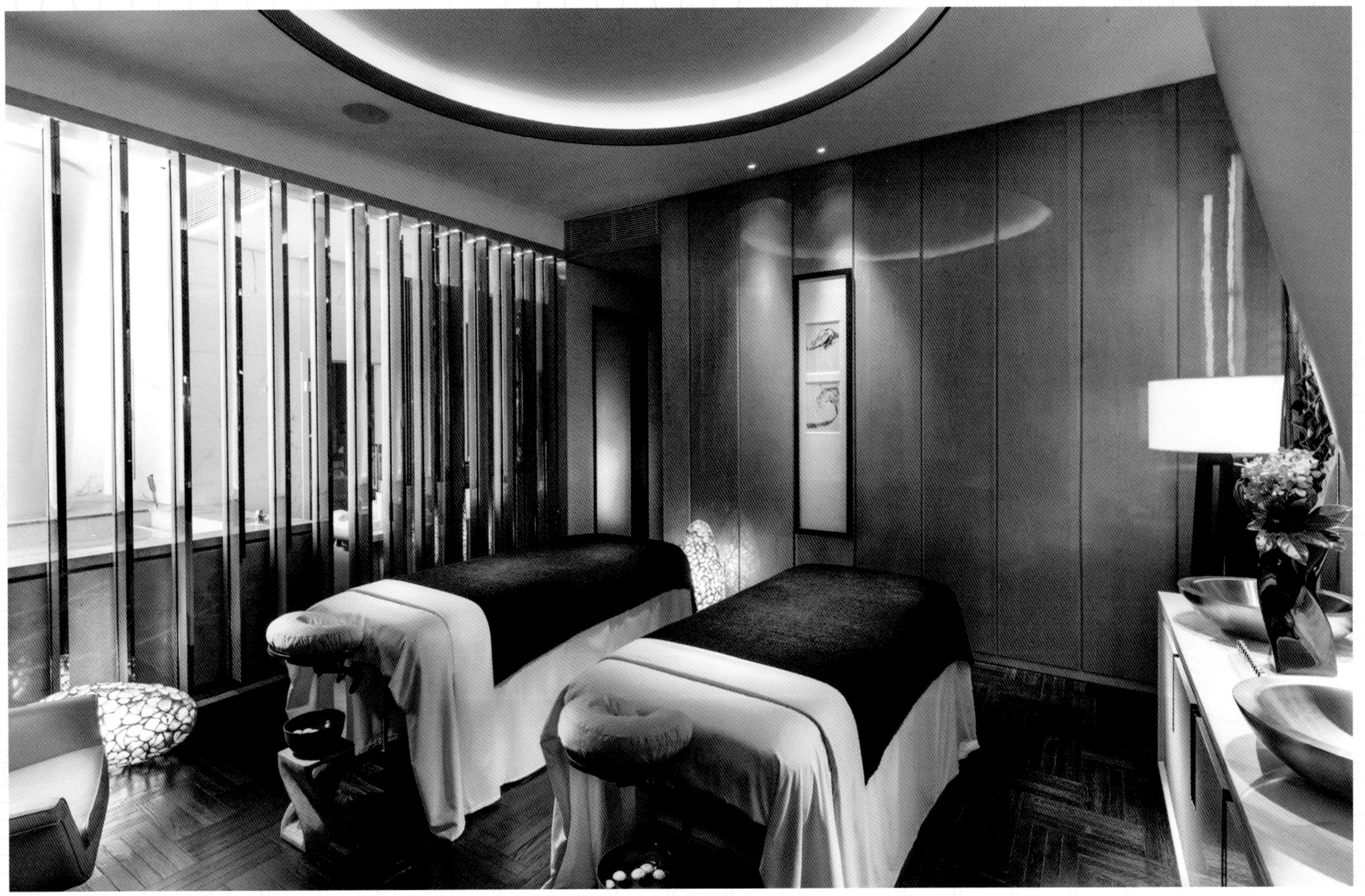

水疗中心

水疗中心

水疗中心健身房

水疗中心泳池

标准客房

行政套房

皇室套房

总统套房

ASCOTT
南方报业传媒集团
NANFANG MEDIA GROUP

雅诗阁公寓是国金项目的重要组成部分，
位于国金裙楼 6 层及附楼南、北翼 7 ～ 28 层。
其中裙楼 6 层为公寓配套会所和大型屋顶花园；
南北翼 7 ～ 28 层为公寓客房；
附楼南北两翼之间间距 8.4 米，每四层有一景观平台连接南北两翼。

公寓大堂

公寓会所

会议室

裙楼 6 层会所作为公寓的配套设施，设置了专业的恒温泳池、桑拿中心、健身房、瑜伽室、儿童游戏室、影音室、会议室、商务中心、休闲吧及中餐厅。
功能配套全面，设施齐备，装修风格现代、简约。

会客厅

餐厅

公寓会所——休闲吧

儿童乐园

健身中心

影音室

恒温泳池

屋顶花园

位于裙楼 6 层的室外屋顶花园从功能上配置了高尔夫推杆练习场、儿童嬉戏区、休闲凉亭、室外烧烤场、多处人工草坪、园林造景等，既作为公寓的配套设施完善了室外的功能配套，也同时亦为国金附楼及主塔楼建筑主体俯瞰的屋顶景观。

公寓套房

公寓套房客厅

公寓套房厨房

公寓套房餐厅

公寓套房卧室

公寓套房卫生间

公寓豪华套房

主塔楼首层办公大堂

作为咨询、访客接待、迎宾、商务、交通枢纽、展现国金高端品牌的第一窗口。
大堂层高 13.5 米。
设计风格现代、简约。
大面积使用石材体现出大气、硬朗的风格，
配合以智能化控制可调灯光场景模式，
营造出宽敞、华丽、轻松的气氛，
以考究的装修材料及精致的做工体现高端、优质的理念定位。

主塔首层办公大楼

喜庆氛围下的主塔楼办公大堂

1. 首层核心筒电梯间
2. 标准层核心筒走廊
3. 标准层核心筒电梯间

49F
A8
A1
49F
49
40
30
49
40
30

二层大堂

首层、二层及负一夹层大堂的出入口共安装了24个通道的门禁闸机。

负一夹层大堂

转换层核心筒电梯间

负一夹层大堂

22 层招商示范层

64 层大堂

越秀
YUEXIU
集团有限公司
IU HOLDING LIMITED

64～65层写字楼行政办公室

C12
65F
65F
C9

行政接待厅

会议室

多功能会议室

15 层办公大堂

秀地产股份有限公司
XIU PROPERTY COMPANY LIMITED
州市城市建设开发有限公司
GZHOU CITY CONSTRUCTION &DEVELOPMENT CO.,LTD

会议室

行政接待室

多功能会议室

会议室

越秀交通基建有限公司

1	2
3	4

1. 17 层办公大堂
2. 63 层办公大堂
3. 17 层办公大堂
4. 20 层办公大堂

员工办公区

茶歇区

广州友谊商店
GUANGZHOU FRIENDSHIP STORE
SK-II
欢 迎 光 临

marshal

SWAROVSKI

广州农信

建造国金

BUILD IFC

摩天大楼拔地而起，
国金汇聚了多少建设者的汗水和欢笑。

本章记录了国金项目从破土动工到全面开业的建设历程，描述了建造过程中破解技术难题的措施及技术成就，展示了建设者们辛勤劳动与成果。

破土动工

2005 年 12 月 26 日，
国金项目破土动工，
建造广州第一高楼的攻坚战正式打响。

基坑施工

伴随着国金项目的破土动工，基坑施工随即开始。

2006 年 5 月 8 日，时任中共广东省委常委、广州市委书记、市人大常委会主任林树森莅临国金项目检查指导工作。

地下室桩基、底板施工

2006 年 8 月 14 日，地下室开始桩基施工；2006 年 8 月 20 日，地下室底板开始施工。

地下室及主体工程开工

2007年3月1日，
国金地下室及主体工程正式开工。

地下室工程平顶及上部工程开工

经过近3个月的紧张施工，2007年6月6日，国金项目地下室工程顺利平顶，转入地上结构施工阶段。时任广州市市长张广宁等出席国金项目地下室工程平顶及上部工程开工庆典。

M900D 塔吊安装

2007 年 7 月 26 日，第一台澳大利亚法福克 M900D 大型塔吊安装完成。该塔吊最大起重量达 64 吨，工程共安装了 3 台。

X 节点钢柱试吊成功

2007 年 9 月 16 日，国金第一个 X 钢柱节点试吊成功

顶模系统安装完成

2007 年 10 月 30 日，经研发改进的“智能化整体顶升工作平台及模架体系”安装完成。

国金附楼主体结构封顶

2007 年 12 月 31 日，国金附楼主体结构封顶。主塔结构进入正常有序的施工阶段。

成功安装第一块玻璃幕墙

2008 年 5 月 29 日，国金主塔楼第一块玻璃幕墙成功安装。

主塔楼主体结构完成 67 层

2008 年 6 月 19 日，国金主塔楼主体结构完成 67 层，进入酒店层结构施工阶段。

三台 M900D 塔吊完成高空移位

2008 年 8 月 8 日，国金主塔楼三台 M900D 塔吊在 70 层约 314 米高空完成移位。

顶模系统改造完成

2008 年 9 月 2 日，国金主塔楼顶模系统高空改造完成，进入酒店区域结构施工。

主塔楼主体结构封顶

2008 年 12 月 31 日，国金主塔楼主体结构封顶。时任广州市市长张广宁等出席封顶仪式。

2008 年 11 月定点拍摄

2008 年 11 月定点拍摄

2008 年 12 月定点拍摄

2009 年 2 月定点拍摄

2009 年 2 月定点拍摄

2009 年 3 月定点拍摄

2009 年 5 月定点拍摄

2009 年 5 月定点拍摄

2009 年 6 月定点拍摄

2008 年 12 月定点拍摄

2009 年 1 月定点拍摄

2009 年 1 月定点拍摄

2009 年 3 月定点拍摄

2009 年 4 月定点拍摄

2009 年 4 月定点拍摄

2009 年 6 月定点拍摄

2009 年 7 月定点拍摄

2009 年 7 月定点拍摄

精细化施工

建造过程，各专业施工单位全力严控施工质量，力争“创鲁班工程、建世纪精品”。

安全施工

规范安全管理体系，实现从破土动工到全面开业连续 2467 天无重大安全生产事故。

应急演练

通过消防演练、应急救援演练等形式，提高对突发安全事件的应急处理能力。

高强高性能混凝土
施工难度大

国金工程混凝土设计强度高，主塔楼核心筒及钢管混凝土强度为 C60~C90；高性能混凝土总量达 82188.23 立方米，泵送最大高度达 440.75 米。当时国内尚无成功泵送到顶的先例。

曲线大直径体外预应力
施工难度大

预应力索体在斜交网格外沿，索体单段最长达 63 米，单段最重达 4.04 吨，单束截面最大为 7658 平方毫米。

垂直运输紧张

主塔楼安装 3 台 M900D 塔吊，塔吊每区平均 1771 吊，总吊数为 30101 吊。高峰期每台电梯月平均运次达 1400 次。

场地狭小，施工组织困难

国金项目基坑边至围墙距离较近，最窄处仅为 3 米。现场可利用道路南面宽约 4.5 米，东面为 7 米。现场材料、构件运输较为艰难，材料堆放场地非常有限。

钢结构制作安装难度大

外框钢结构钢管沿竖向分 17 个节段，每一节段分别由 30 个直段钢管柱和 15 个“X”形节点组成。超宽节点柱（最宽 4.3 米）共 36 件，长 13 米。60 吨以上构件 15 件，其中最重 64 吨，超过塔吊单机起重性能。

攻克“巨型超重斜交网格钢管柱制作与安装”难题

通过相贯口的精确切割与焊接加工、焊接残余应力消减、实体预拼装、无揽风吊装、空间多点三维坐标精确定位、复杂环境下超厚钢板焊接和塔吊高空移位等技术，攻克“巨型超重斜交网格钢管柱制作与安装”这一难题。

斜钢管柱浇捣混凝土 1:1 模型试验

通过斜钢管柱浇捣混凝土 1:1 模型试验，攻克了在斜钢管柱内部浇捣高强度混凝土的施工难题。

研发新型整体提升顶模系统

通过研发包含动力及支撑系统、钢平台系统、挂架系统和模板系统的一整套整体顶模系统，攻克“复杂多变的混凝土核心筒施工技术”这一难题。

攻克“超高性能混凝土超高泵送”难题

通过超高强超高性能混凝土研发、超高泵送技术研发等工作，攻克“超高性能混凝土超高泵送”这一难题。

2008 年 12 月 16 日，成功研制 C100 超高性能混凝土及 C100 超高性能免振自密实混凝土，并将其一次成功泵送到 400 米，创造了同类混凝土超高泵送世界新纪录。

酒店中庭施工加设防护钢缆

钢管柱无揽风吊装技术

酒店中庭顶盖幕墙施工

停机坪钢结构整体吊装施工

屋面石材分隔美观，铺贴缝隙均匀、顺直，勾缝密实，排气孔高度、方向一致。
穿屋面套管节点处理细致、美观，防水效果可靠。

屋面排水沟排水流畅，泛水线条清晰美观，细部处理精细，落水斗做工精美。

车库地坪每层面积达 2 万多平方米，观感良好。

地下车库灯光效果明亮，灯管排布成行成线，综合管线布置合理、标识清晰。

机房内明亮整洁、支架安装牢固、标识清晰、设备排列统一、管道布置规范、减振措施有效、系统运行平稳、智能控制灵敏可靠。
配电房控制柜安装排列整齐、配线正确、接线端子标识清晰、正确。

3#转输水泵

管井内管道排布有序、合理，支架设置牢固，套管设置规范、可靠。

酒店空调调试结果与原设计值偏差均符合国家规范标准要求。

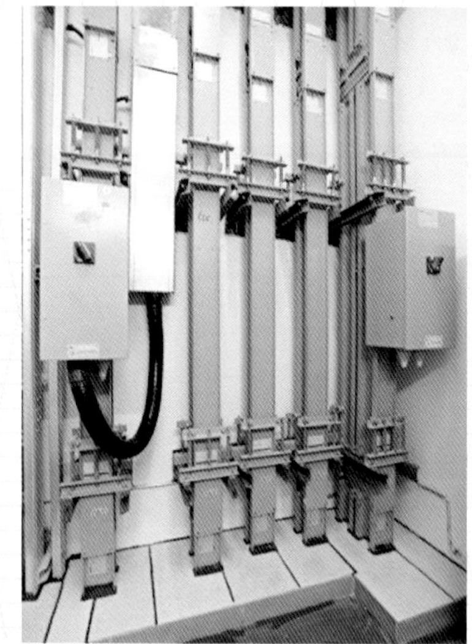

管井内管道排布有序、合理，支架设置牢固，套管设置规范、防火封堵安全、可靠。

酒店空调调试结果与原设计值偏差均符合国家规范标准要求。

风口噪声指标控制：客房不超过 30 分贝，宴会厅不超过 40 分贝，办公室不超过 40 分贝等均符合或优于国家规范标准。

智能化设备合格率 100%，综合布线点 8900 个、光缆 1870 芯，光缆中间无熔接点，全部达到国家标准。
酒店区综合布线水平布线全部达六类标准。

工程消防系统庞大，子系统众多，功能完备、齐全、先进；
并针对不同的使用功能区、设计选用了不同的消防系统。
如 70 层酒店空中大堂、阶梯雨棚、友谊商场等均分别采用了智能型自动扫描射水高空水炮灭火装置。
车库采用了自动喷水、泡沫联用灭火系统。

工程采用了空调节能、电气节能、照明节能、给水排水节能等建筑节能技术，通过了广州市建筑节能示范工程验收。

本柜至T5变压器
本柜至T3变压器
已送电
已送电
已送电
已送电
已送电
已送电

消防控制中心

监控中心

发电机组

阀门常开
冷冻回水
阀门常开

空调机房

国金招商启动仪式

2009 年 8 月，国金全球招商启动仪式暨国际合作伙伴签约仪式在广州举行。

国金试运营

2010 年 10 月 15 日，国金投入试运营。

广州友谊国金店开业典礼

2010 年 11 月 18 日，广州友谊国金店举行开业典礼。

四季酒店开业庆典

2012 年 7 月 23 日，广州四季酒店举行开业庆典。

雅诗阁开业庆典

2012 年 2 月 23 日，雅诗阁公寓举行开业庆典。

国金全面开业庆典

2012 年 9 月 26 日，国金中心全面开业，举行盛大城市灯影激光艺术汇演。

广州农信

魅力国金

CHARM OF IFC

国金是唯一的，
但在摄影师的镜头里，
它又是那样的不同。

本章为国金摄影竞赛获奖作品集锦。
从黎明到夜晚，
国金展示了一个多彩的世界；
在气势磅礴的建设过程中，
蕴含着深邃的建筑艺术。

佳构倩影

方圆排列

天窗

羊城添彩

光影如画

美丽绽放

霞光辉映

天顶

补天

交织

富力盈凯广场
ASCOTT

HUAXIA LU

璀璨亚运

珠江夜色

天河璀璨夜生辉

Charm of IFC – Colorful of IFC

特别鸣谢本书编写单位：

哈尔滨工业大学

广州市城市组设计有限公司

广州南社建筑设计文化有限公司

鸣谢提供摄影作品的单位及个人：

广州越秀城建国际金融中心有限公司：黄齐攀、罗德祥、曾峋

广州市城市组设计有限公司：林力勒

四季酒店集团

雅诗阁集团

中国建筑股份有限公司

中国建筑第四工程局

中国建筑第三工程局

广州市建筑集团有限公司